BEI GRIN MACHT SICH IHR WISSEN BEZAHLT

- Wir veröffentlichen Ihre Hausarbeit,
  Bachelor- und Masterarbeit

- Ihr eigenes eBook und Buch -
  weltweit in allen wichtigen Shops

- Verdienen Sie an jedem Verkauf

Jetzt bei www.GRIN.com hochladen und kostenlos publizieren

Sven-David Müller

Die Bedeutung von L-Carnitin in der Ernährungsmedizin, Sportwissenschaft und der Präventivmedizin

GRIN Verlag

Bibliografische Information der Deutschen Nationalbibliothek:

Die Deutsche Bibliothek verzeichnet diese Publikation in der Deutschen National-
bibliografie; detaillierte bibliografische Daten sind im Internet über http://dnb.d-
nb.de/ abrufbar.

Impressum:

Copyright © 2011 GRIN Verlag GmbH
Druck und Bindung: Books on Demand GmbH, Norderstedt Germany
ISBN: 978-3-656-03857-3

Dieses Buch bei GRIN:

http://www.grin.com/de/e-book/180962/die-bedeutung-von-l-carnitin-in-der-
ernaehrungsmedizin-sportwissenschaft

Die Bedeutung von L-Carnitin in der Ernährungsmedizin, Sportwissenschaft und der Präventivmedizin

von Sven-David Müller

Was ist L-Carnitin ?

Neben den energieliefernden Nährstoffen Fett, Kohlenhydrate und Eiweiß ist der Körper auch auf die Zufuhr von Wirkstoffen angewiesen. Zu diesen Wirkstoffen zählt neben Vitaminen und Mineralstoffen auch das L-Carnitin. Während einem Großteil der Bevölkerung die Bedeutung der Vitamine und Mineralstoffe geläufig ist, führt L-Carnitin im Bewusstsein der Menschen eher ein Schattendasein. Dieser Stoff verdient aufgrund seiner Eigenschaften mehr Beachtung. L-Carnitin wurde 1905 von zwei russischen und einem deutschen Wissenschaftler in Marburg als wichtiger Bestandteil von Muskelfleischextrakten entdeckt. Dem Vorkommen in Fleisch verdankt L-Carnitin auch seinen Namen, der sich von dem lateinischen Wort caro, carnis für Fleisch ableitet. Knapp 30 Jahre nach seiner Entdeckung gelang es Wissenschaftlern seine chemische Struktur aufzudecken. Karriere machte es aber erst in den 1950er Jahren. Im Rahmen von Experimenten stellte sich heraus, dass Carnitin für den Mehlwurm ein lebensnotwendiger Wachstumsfaktor ist. L-Carnitin wurde daraufhin den B-Vitaminen zugeordnet und als Vitamin Bt bezeichnet. Später stellte sich heraus, dass der menschlichen Organismus L-Carnitin in kleinen Mengen selber produzieren kann, so dass die Bezeichnung Vitamin heute nicht mehr gebraucht wird. L-Carnitin steht den Vitaminen in der Funktionsweise sehr nahe, da es genau wie die Vitamine katalytische Funktionen erfüllt und dabei nicht vom Körper verbraucht wird. Jedoch geht dem Körper täglich L-Carnitin durch die Ausscheidung mit dem Urin verloren. Um seine zahlreichen Funktionen uneingeschränkt bewältigen zu können, ist der Körper auf eine ausreichende Zufuhr über die Nahrung angewiesen.

Herstellung von L-Carnitin im menschlichen Organismus

Wie beschrieben, kann der menschliche Organismus L-Carnitin selbst herstellen. Die genaue Kapazität der L-Carnitinsynthese ist aber nicht bekannt. Sie wird auf ca. 100 Mikromol pro Tag geschätzt. L-Carnitin wird vom Körper aus den Aminosäuren Lysin und Methionin hergestellt, wobei diese Aminosäuren aus der Nahrung nicht für die L-Carnitinsynthese verwendet werden können, sondern erst in die Muskulatur eingebaut werden müssen. Für die L-Carnitin-Produktion muss unser Organismus Muskelmasse abbauen, um an Protein gebundenes Trimethyl-Lysin und proteingebundenes S-Adenosyl-Methionin zu gelangen. Zur Herstellung von einem Gramm L-Carnitin müssen ca. 30 Gramm Muskelmasse abgebaut werden. Das kann ein Grund dafür sein, warum unser Körper das L-Carnitin aus der Nahrung zu 57 bis 85 Prozent resorbiert, um sich den Abbau von Muskelmasse zu ersparen. Für die Herstellung von L-Carnitin benötigt unser Körper eine Reihe von anderen Nährstoffen als Kofaktoren, unter anderem Eisen, Vitamin C, Vitamin B3, Vitamin B6, Vitamin B12 und Folsäure. Ein Mangel an einem oder mehreren dieser Nährstoffe schränkt die Fähigkeit zur L-Carnitinsynthese ein. Die L-Carnitinsynthese findet zum größten Teil in der Skelettmuskulatur und in der Leber statt und ist an den Proteinumsatz gekoppelt. Wird von der Muskulatur mehr Energie benötigt und umgesetzt, wird auch mehr L-Carnitin benötigt und von der Muskulatur produziert. Es sind keine anderen Regulationsmechanismen der L-Carnitinsynthese bekannt, und auch bei erhöhten Verlusten wird die L-Carnitin Biosynthese nicht gesteigert. Bei längerfristig erhöhten L-Carnitinverlusten kann dies zu einer Unterversorgung an L-Carnitin führen.

L-Carnitin und D-Carnitin

Von Carnitin existieren 2 verschiedene Formen: L-Carnitin und D-Carnitin, von denen lediglich das L-Carnitin in der Natur vorkommt. Nur L-Carnitin ist biologisch aktiv und kann im menschlichen Körper mit den Enzymen der Zellen reagieren. D-Carnitin ist unnatürlich und kommt nur in chemisch hergestellten, synthetischen Carnitinprodukten vor. Ein erhöhter Konsum von D-Carnitin verursacht Nebenwirkungen wie Herz-Rhythmusstörungen, Muskelkrämpfe, starke Müdigkeit und Myastenia-Gravis-ähnliche Symptome. L-Carnitin ist in Deutschland und in der EU ein anerkannter Nährstoff. L-Carnitin wird nach dem Lebensmittel- und Bedarfsgegenständegesetz (LMBG) den Lebensmittelzutaten zugerechnet, nicht den Lebensmittelzusatzstoffen. Die Zufuhr von L-Carnitin über entsprechende Präparate kann als unbedenklich eingestuft werden. L-Carnitin ist ein wasserlöslicher Stoff und überschüssige Mengen werden vom Körper über die Niere mit dem Urin ausscheiden. L-Carnitin ist ungiftig.

Biochemische Funktionen des L-Carnitins

Die Hauptaufgabe des L-Carnitins liegt im Transport von Fetten zur Energiegewinnung. Dieser Vorgang findet in fast allen Zellen des Organismus statt. Um aus Fetten Energie gewinnen zu können, muss der Körper sie zunächst in seine Bestandteile Glycerin und Fettsäuren zerlegen. Die Fettsäuren müssen dann in die Kraftwerke der Zellen, die Mitochondrien, transportiert werden, wo sie verbrannt werden. Diese Verbrennung der Fettsäuren liefert dann einen Großteil der Energie, die wir zum täglichen Leben brauchen. Für die Fettverbrennung ist L-Carnitin absolut notwendig, d.h. essenziell, da die Fettsäuren, vor allem die langkettigen ohne L-Carnitin nicht in die Mitochondrien gelangen und somit auch nicht verbrannt werden können. Ein carnitinabhängiger Fettsäure-Transporter befindet sich in der Zellwand der Mitochondrien und hilft bei der Einschleusung von langkettigen Fettsäuren. Somit ist L-Carnitin für die Energiegewinnung des gesamten Organismus unerlässlich.

Daneben erfüllt L-Carnitin auch noch viele andere Aufgaben. Es hilft die Funktion von Zellmembranen aufrecht zu erhalten und zu verbessern und ist wichtig für die Entgiftung der Mitochondrien und der Zellen. L-Carnitin ist vor allem aber auch ein Puffer um in Notsituationen Coenzym A freizuhalten. Coenzym A ist ein Schlüsselenzym unseres Körpers und katalysiert sehr viele biochemische Reaktionen unseres Körpers. L-Carnitingaben können über eine Beeinflussung des Coenzym A-Stoffwechsels alle diese Reaktionen, also z.B. auch die Energiegewinnung aus Kohlenhydraten und Eiweißen oder die Durchblutung beeinflussen.

L-Carnitin: Vorkommen im menschlichen Körper

Der menschliche Körper enthält unter normalen Umständen ungefähr 16-20 Gramm L-Carnitin. Die größten Mengen an L-Carnitin befinden sich in Muskulatur und Herz (95%). L-Carnitin kommt im Menschen aber praktisch in jeder Zelle vor, so auch in der Leber, der Niere, den Immunzellen, den roten Blutkörperchen, dem Gehirn, den Augen, der Haut und den Spermien. In all diesen Zellen erfüllt L-Carnitin bestimmte genau definierte Funktionen. Durch die orale Gabe von L-Carnitin können alle diese Organe mehr L-Carnitin aufnehmen und profitieren davon.

Tägliche L-Carnitin Versorgung / Ursachen für Unterversorgung

Einen weitaus größeren Anteil an Carnitin bezieht der Körper aus der Nahrung. Bei einer ausgewogenen Mischkost nimmt der Mensch täglich 200 bis 300 Milligramm L-Carnitin auf. Bis heute existieren noch keine genauen Angaben über einen Mindestbedarf an Carnitin. Bekannt ist nur, dass der Bedarf individuell sehr verschieden sein kann. Dies ist teilweise darauf zurückzuführen, dass der Körper begrenzt in der Lage ist, sich auf unterschiedlich hohe Zufuhrmengen einzustellen. Wird nur sehr wenig Carnitin mit der Nahrung zugeführt, wird weniger Carnitin ausgeschieden und umgekehrt. Allerdings gibt es Risikogruppen, auf deren Befinden sich eine schlechte L-Carnitin-Versorgung besonders nachteilig auswirkt. Bei lang anhaltenden hohen Verlusten, erhöhtem Bedarf oder eingeschränkter Synthese kann es zu einer Unterversorgung an L-Carnitin kommen. Viele Menschen haben aufgrund ihrer Ernährungsweise, ihrer Lebensumstände und dem Bestehen von Krankheiten ein besonderes Risiko in eine L-Carnitin-Unterversorgung zu geraten. Zahlreiche Medikamente können den L-Carnitinspiegel verringern und zu einer Unterversorgung oder sogar zu einem L-Carnitinmangel führen.

Symptome einer Unterversorgung an L-Carnitin

Symptome, die auf eine Unterversorgung mit L-Carnitin hinweisen sind unspezifisch. Häufige starke Müdigkeit, Infektanfälligkeit, Muskelschwäche, Antriebslosigkeit, Leistungsschwäche, verlängerte Erholung der Muskeln nach Belastungen, Blutarmut, erhöhte Triglyzeride im Blut, Herzprobleme, Konzentrationsschwierigkeiten u.a. können eine Unter- und Mangelversorgung mit L-Carnitin andeuten. Um Gewissheit darüber zu erlangen, ob diese unspezifischen Symptome auf einen L-Carnitinmangel hinweisen empfiehlt sich eine Rücksprache mit einem Arzt.

Vorkommen in Lebensmitteln

Lebensmittel mit einem hohen Carnitingehalt sind in erster Linie tierischer Natur.

Tabelle 1: L-Carnitingehalt von Nahrungsmitteln, Angaben pro kg ungekochter Ware, ach Gustavsen, 2000

Tierische Prod.	mg	Pflanzliche Produkte	mg
Fleischextrakt	36.86	Steinpilze getrocknet	388
Ziegenkeule	2.210	Spitzmorcheln/getrocknet	208
Hirschkalbssteak	1.930	Pfifferlinge getrocknet	126
Lammkeule	1.900	Austernpilze	50
Känguruhsteak	1.660	Steinpilze frisch	28
Rehkeule	1.640	Champignons	26
Lammfilet	1.610	Pfifferlinge	13
Elchbraten	1.600	Nudeln	7,0
Hirsch	1.500	Mandeln	6,7
Rinderbraten	1.430	Erdnüsse	5,8
Rinderhüftsteak	1.350	Fenchel	5,3
Strauß	1.280	Brokkoli	4,8
Rindsgulasch	1.270	Weizenbrot	4,1
Rentiersteak	1.210	Avocado	4,0
Hasenkeule	1.200	Möhren	4,0
Rinderbeinfleisch	1.180	Blumenkohl	3,6
Pferdefleisch	1.170	Weizenbrötchen	3,5
Rehrücken	1.160	Papaya	3,5
Ziegenrücken	1.120	Zucchini	3,4
Kalbsschnitzel	1.050	Auberginen	3,0
Kalbsrücken	1.020	Paranüsse	3,0
Roastbeef	1.010	Reis	3,0
Hase	860	Kirschen	2,6
Rinderhackfleisch	470	Haselnüsse	2,5
Wildschweinrück	420	Walnüsse	2,5
Bratwurst	386	Kartoffeln	2,3
Corned Beef	320	Gurken	1,9
Cervelatwurst	300	Roggenbrot	1,8
Entenbrust	288	Mais	1,6
Schweineschnitze	274	Pflaumen	1,6
Schweinegulasch	264	Erbsen	1,4
Schweinefleisch	244	Paprika	1,4
Kaninchenkeule	232	Pfirsich	1,4
Mettwurst	220	Bohnen	1,2
Taubenbrust	211	Tomaten	1,1
Lachsschinken	205	Bananen	1,0
Schweinefilet	190	Kiwi	0,8
Flugentenkeule	189	Blattsalat	0,6
Wiener Wurst	176	Bier	0,6
Weißwurst	170	Äpfel	0,5
Wachtelbrust	166	Birnen	0,3
Putenkeule/Filet	133	Orangen, Zitronen	0,1
Hinterschinken	121		
Bierschinken	120		
Kalbsleberwurst	92		
Mortadella	92		
Hähnchenkeule	80		
Hähnchenbrust	78		
Hänchenfilet	62		
Fasanenbrust	60		
Entenleber	43		

Schweineleber	36
Fleischwurst	30
Blutwurst	12
Hühnereier	8

Milchprodukt	*mg*	*Meeresfrüchte*	*mg*
Ziegenkäse	127	Hummer	270
Kondensmilch	97	Felsenaustern	243
Schafskäse	65	Langustenschwa	154
Hüttenkäse	53	Hummer	142
Joghurt	41	Seelachsfilet	132
Milch	40	Heringe	124
Sahne	38	Seelachs	97
Schafskäse/Ri	36	Heringe (Grün)	86
Milchspeiseeis	35	Riesengarnelen	74
Buttermilch	34	Aal (geräuchert)	65
Quark	30	Scholle	63
Briekäse	27	Schillerlocke	56
Zaziki	27	Egli Filets*	55
Creme Fraiche	26	Meerbrasse	50
Molke	22	Hecht	40
Gouda, alt	20	Seezunge	38
Camembert	18	Hering (Filet)	37
Mozarella	18	Kaviar	37
Harzer Käse	17	Wildlachs	37
Frischkäse	16	Thunfisch	34
Edamer	15	Schellfisch	33
Gouda, jung	14	Makrele	32
Butter	11	Lachs	31
Hefe	11	Haifisch	30
Kochkäse	11	Krabben	30
Gorgonzola	10	Miesmuscheln	28
Butterkäse	8	Forelle	28
Babybel	6	Seeteufel	24
Margarine	0,5	Tintenfisch	21

Risikogruppen für eine Carnitin-Unterversorgung

Einige Menschen haben aufgrund ihrer Ernährungsweise, ihrer Lebensumstände und dem Bestehen von Krankheiten ein besonderes Risiko einer Carnitin-Unterversorgung.

L-Carnitin bei Vegetariern

Die Ernährungsweise von Vegetariern basiert auf pflanzlicher Kost. Das oberste Prinzip ist der Verzicht auf Fleisch und Fisch. Viele verzehren zusätzlich zu den pflanzlichen Lebensmitteln noch Milch- und Milchprodukte, andere teilweise auch Eier. Vegetarier, die alle Produkte tierischer Herkunft, z.B. auch Honig, ganz von ihrem Speiseplan verbannen, werden als Veganer bezeichnet. Diese Ernährungsweise erweist sich für eine ausreichende L-Carnitinzufuhr als problematisch, denn in pflanzlicher Kost sind bestenfalls Spuren von L-Carnitin enthalten. Aber nicht nur die Zufuhr von L-Carnitin über die Nahrung ist bei Vegetariern eingeschränkt. Auch die Eigensynthese kann bei Veganern und Vegetariern eingeschränkt sein, weil die Ausgangsstoffe für die eigene L-Carnitinproduktion des Körpers ebenfalls nicht im ausreichenden Maße mit der Nahrung zugeführt werden. Die Eiweißbausteine Lysin und Methionin als Ausgangssubstanzen finden sich genau wie das L-Carnitin selbst bevorzugt in tierischen Lebensmitteln. Als weiterer Schwachpunkt in der vegetarischen Ernährungsweise erweist sich die oft mangelhafte Versorgung mit Eisen. Eisen wird bei der Eigenproduktion von Carnitin eingesetzt. Eine unzureichende Versorgung mit diesem Spurenelement kann die Produktion von Carnitin senken. Niedrigere Eisenwerte im Blut gehen daher immer mit niedrigen L-Carnitin werten einher. Der Körper kann sich auf die niedrige L-Carnitinzufuhr durch die vegetarische Kost teilweise einstellen, indem er um L-Carnitin zu sparen, die Ausscheidung des L-Carnitins verringert. Dennoch verfügen Vegetarier und vor allem Veganer über signifikant niedrigere L-Carnitinspiegel als Menschen, die zusätzlich auch Fleisch und/oder Lebensmittel tierischen Ursprungs verzehren. Vegetarismus allein führt zwar nicht zu einem echten L-Carnitinmangel, aber Vegetarier und Veganer können bei Hinzukommen eines weiteren Faktors der den L-Carnitin-Bedarf erhöht, wie Ausdauersport, Schwangerschaft, Stress, hohes Alter, chronische Erkrankungen etc. leicht in eine L-Carnitin-Unterversorgung geraten.

L-Carnitin und Sport

Die Zahl der Freizeit- und Leistungssportler ist in den vergangenen Jahren stark gewachsen. Intensive körperliche Belastung führt zu einem erhöhten Energieverbrauch, einer vermehrten Bildung von freien Radikalen und zu einer Anreicherung von schädlichen Abbauprodukten des Stoffwechsels. Freie Radikale greifen Zellmembranen und Mitochondrien an. Dies kann einen Leistungsverlust und eine verlangsamte Erholung der Muskulatur zur Folge haben. Auch die Anreicherung von schädlichen Abbauprodukten wie Milchsäure erschwert die Entspannung der Muskeln. Ein weiterer Prozess, der bei hoher körperlicher Anstrengung einsetzt, ist die Ansammlung von Ammoniak im Blut. Dies geschieht, wenn der Organismus Muskeleiweiß als Notreserve zur Energiegewinnung heranzieht. Die Trainingsmotivation des Sportlers leidet unter diesem Zustand der mentalen Ermüdung. In allen Fällen kann L-Carnitin helfen. Eine ausreichende Zufuhr an L-Carnitin über die Nahrung oder Nahrungsergänzungen hilft dem Körper sich schneller zu erholen. L-Carnitin fördert die Durchblutung und sorgt somit für eine schnelle Verteilung von Sauerstoff im ganzen Körper. L-Carnitin unterstützt den Abtransport von schädlichen Abbauprodukten und ist gerüstet für den Einsatz gegen freie Radikale. Der Bedarf an L-Carnitin richtet sich nach der Intensität, mit der eine Sportart betrieben wird, nach der Höhe der Verluste über den Schweiß und der Ernährungsweise. Beobachtungen haben gezeigt, dass Sportler oft eine geringe L-Carnitinversorgung aufweisen. Eine von Sportlern - insbesondere Ausdauerathleten - häufig bevorzugte fleischarme, vegetarische oder kalorienarme Kost kann hier beispielsweise verantwortlich sein. Darüber hinaus ist L-Carnitin auch für das Immunsystem des Sportlers besonders wichtig.

L-Carnitin für Schwangere, Stillende und Kinder

Schwangere und Stillende teilen ihre L-Carnitinbestände und die tägliche Zufuhr mit ihrem Fetus über die Nabelschnur bzw. mit dem Säugling über die Muttermilch. Ab dem dritten Schwangerschaftsmonat fällt der L-Carnitingehalt der werdenden Mutter deutlich ab und die Mutter gerät in einen durch die Schwangerschaft verursachten sekundären L-Carnitin-Mangel. Mit fallenden L-Carnitinspiegeln sinkt auch die Fähigkeit zur Fettverbrennung in der Schwangerschaft und es kommt zu einem Anstieg der freien Fettsäuren im Blut, die ein wichtiger Risikofaktor für die Entwicklung von Schwangerschaftsdiabetes sind. Durch die orale Gabe von zwei bis drei Gramm L-Carnitin täglich kann dieser L-Carnitinmangel in der Schwangerschaft behoben, die Fettverbrennung gesteigert und die erhöhten freien Fettsäuren wieder gesenkt werden. L-Carnitin entfaltet seine positiven Wirkungen auch auf die Entwicklung von Fetus und Säugling und dies bereits im Mutterleib. Bei beiden ist die Fähigkeit zur Eigenproduktion von Carnitin noch nicht entwickelt. Sie benötigen aber eine ausreichende Zufuhr an Carnitin für ihr Wachstum, die Gewichtszunahme und die Lungenreifung. Eine orale Gabe von L-Carnitin in der Schwangerschaft fördert die Bildung von fettfreier Muskelmasse des Fetus, reduziert die Anzahl und Masse der Fettzellen, beschleunigt die Lungenreife und verbessert die Überlebenschance von Frühgeborenen. Darüber hinaus reduziert eine erhöhte L-Carnitinzufuhr das Abfallen des Geburtsgewichts nach der Geburt, was vor allem für untergewichtige Frühgeborene besonders wichtig ist.

Für Säuglinge ist L-Carnitin ein echtes Vitamin, da Säuglinge es noch nicht selbst herstellen können. Säuglinge sind daher auf eine ausreichende Zufuhr von L-Carnitin mit der Nahrung, entweder über die Muttermilch oder über Babynahrung auf Milchbasis angewiesen. Wegen seiner Wichtigkeit für die kindliche Entwicklung ist der Zusatz von Carnitin zu Säuglingsanfangsnahrung zu der ansonsten L-Carnitin-freien Sojababynahrung gesetzlich vorgeschrieben, da es sonst zu einem L-Carnitinmangel bei Kindern kommt.

L-Carnitin bei Übergewicht

Etwa 50% der Deutschen sind von mäßigem bis schwerem Übergewicht betroffen. Übergewicht birgt die Gefahr für Erkrankungen wie Arteriosklerose, Bluthochdruck, Diabetes Mellitus und/oder Fettstoffwechselstörungen. Tückisch ist, dass diese schädigenden Nebeneffekte zunächst nicht spürbar in Erscheinung treten, aber später zu schwerwiegenden Folgeerkrankungen führen. Besonders gefährlich ist die Entwicklung von Herz und Kreislauf-Erkrankungen bei Übergewichtigen da diese letztendlich auch zum Tode durch Herzinfarkt oder Schlaganfall führen. Allein schon aus gesundheitlichen Gründen empfiehlt sich bei Übergewichtigen daher eine erhöhte Zufuhr herzschützender Nährstoffe wie Omega-3-Fettsäuren, Q10, Vitamin E und ebenso L-Carnitin. Die Gabe von zusätzlichem L-Carnitin beeinflusst auch viele der metabolischen Risikofaktoren die durch Übergewicht erhöht sind, positiv. So senkt L-Carnitin z.B. erhöhte Triglyzeride, steigert das gute HDL-Cholesterin, senkt Lp(a) und TNF alpha u. a. In Tierstudien konnte an verschiedenen Spezies nachgewiesen werden, dass die Gabe von L-Carnitin die Mobilisation von Fett aus den Depots steigert, den Körperfettanteil reduziert, den Anteil der fettfreien Muskelmasse erhöht und auch die Gewichtsabnahme steigern kann.

Auch am Menschen konnte eindeutig gezeigt werden, dass L-Carnitingaben die Fettverbrennung signifikant steigern. In drei Studien an Menschen wurde durch die Gabe von 3g L-Carnitin täglich zu einer kalorienreduzierten Ernährung einek Steigerung der Gewichtsabnahme von 800 bis 1.000 Gramm pro Monat gegenüber Placebo erreicht.

Fettstoffwechselstörungen

Das Bluttfettprofil verbessert sich durch die Gabe von L-Carnitin und erhöhte Blutfettwerte können in Folge einer L-Carnitineinnahme sinken. Dadurch wird das Risiko von Folgeerkrankungen wie Schlaganfall und Herzinfarkt vermindert. Bedenkt man, dass in der BRD jährlich rund 250.000 Menschen einen Schlaganfall erleiden und Herz-Kreislauf-Erkrankungen nach wie vor Todesursache Nummer eins sind, ist der Einsatz von Carnitin einen Versuch wert.

Diabetiker

Bei Diabetes-mellitus-Typ-2 ist die Verwertung von Kohlenhydraten (Glukose) eingeschränkt. Diabetes Mellitus geht mit Veränderungen im Fettstoffwechsel und veränderter L-Carnitinkonzentration im Körpergewebe einher. Der Gesamtbestand an L-Carnitin kann durch Diabetes herabgesetzt sein. Begleiterscheinungen wie diabetische Herzmuskelleiden werden dadurch begünstigt. Eine Einnahme von L-Carnitin in Form von Nahrungsergänzungspräparaten ist für das diabetische Herz besonders wichtig. Außerdem führt eine L-Carnitingabe dazu, dass Glukose als Energieträger im Körpergewebe besser verwertet wird. Auch bei Diabetes beeinflusst eine erhöhte L-Carnitingabe sehr viele verschiedene Risikofaktoren in positiver Weise. So konnte an Kaninchen gezeigt werden, dass L-Carnitin den durch Diabetes erzeugten Abfall der L-Carnitinkonzentration in den Augen verhindert, die Glykatierung der Augenlinsenproteine durch Glukose reduziert und die Bildung der diabetischen Kataraktes verlangsamt. Auch die Wundheilung an Beinen und Armen wurde durch L-Carnitin verbessert, vermutlich kommen hier gefässerweiternde Effekte, eine Steigerung der Durchblutung und positive Effekte auf das Immunsystem zusammen.

Nierenerkrankungen und Dialyse

Niere und Leber sind wichtige Produktionsstätten für L-Carnitin. Die Niere hat obendrein die Aufgabe, die Ausscheidung von L-Carnitin zu regulieren. Bei Gesunden werden 90 Prozent des über die Niere gefilterten L-Carnitins wieder in den Blutkreislauf zurückgeführt und der Rest mit dem Urin ausgeschieden. Damit wird L-Carnitin, obwohl es vom Körper ja selbst hergestellt werden kann, von der Niere wie eine essenzielle Aminosäure behandelt die sehr wertvoll ist und nicht verloren gehen soll. Bei Menschen mit Nierenerkrankungen, können die Nieren ihre Aufgaben nicht mehr voll erfüllen und sind daher auf eine Dialysebehandlung (Blutreinigung) angewiesen. Als Folge ist die Rückresorption des L-Carnitin durch die Nieren beschränkt und die Verluste über das Dialysat (Flüssigkeit die bei der Blutwäsche zum Einsatz kommt) erhöht. Ein dialysebedingter L-Carnitinmangel führt zu Störungen im Fettstoffwechsel. Beobachtungen haben gezeigt, dass mit einer Verabreichung von L-Carnitin die Funktion des Fettstoffwechsels wiederhergestellt werden kann. Die Blutfettwerte sinken, was das Risiko für einen Gefäßverschluss herabsetzt. Darüber hinaus können die Gaben von einer Kombination aus L-Carnitin und Eisen den Gesundheitszustand von Dialysepatienten allgemein verbessern. Die Lebensdauer von roten Blutkörperchen, die für den Sauerstofftransport verantwortlich sind, wird durch die Gabe von L-Carnitin verlängert. Die Wirkung des wegen Blutarmut verabreichten Medikaments Erythropoietin wird verstärkt. Die Folge ist eine vermehrte Bildung von roten Blutkörperchen und eine Linderung von Beschwerden, die auf Blutarmut zurückzuführen sind.

Lebererkrankungen

Erkrankungen der Leber sind mit einer rückläufigen Eigenproduktion von L-Carnitin verbunden. Kritisch ist bei Leberpatienten die reichliche Bildung von Ammoniak. Hohe Ammoniakkonzentrationen haben schädliche Auswirkungen auf das Nervensystem. Die Erkrankten leiden an ausgeprägter Müdigkeit und in schlimmeren Fällen kann ein Patient das Bewusstsein verlieren. L-Carnitin beschleunigt den Abbau von Ammoniak, reduziert die Bildung von Ammoniak und schützt Nervenzellen vor den toxischen Wirkungen des Ammoniaks. So reduziert L-Carnitin die durch Ammoniak verursachte Müdigkeit, senkt das Risiko für epileptische Anfälle, reduziert die Ammoniakkonzentration und verbessert Lernfähigkeit sowie räumliche Orientierung. Bei Lebererkrankungen in Folge von

Alkoholmissbrauch können hohe L-Carnitindosen sich hilfreich auswirken. So reduziert L-Carnitin die toxischen Wirkungen des Alkohols auf die Leber, und auch eine durch Alkohol bedingte Leberverfettung kann verbessert werden.

Herzerkrankungen

Herzerkrankungen sind in Europa und Nordamerika Todesursache Nummer eins. In Deutschland leiden allein 18 bis 20 Millionen Menschen an Bluthochdruck und Herzerkrankungen. Die beachtlichen Wirkungen von L-Carnitin auf das Herz sind lange bekannt und über den Einfluss von L-Carnitin auf das Herz wurden bisher schon mehrere tausend Studien weltweit publiziert. In Italien und Spanien ist L-Carnitin zur Therapie von Herz-Kreislauf-Erkrankungen zugelassen und wird dort bis heute unterstützend zu einer Herztherapie eingesetzt. Das Herz bezieht mehr als 80 Prozent seiner Gesamtenergie aus Fettsäuren. Wie oben bereits erläutert ist das L-Carnitin maßgeblich am Abbau von Fettsäuren und damit auch an der Energiegewinnung beteiligt. Carnitin setzt sich aber noch auf eine ganz andere Art und Weise für das Herz ein. Es fördert die Koronardurchblutung und unterstützt so eine optimale Sauerstoffversorgung des Herzens. Die Gabe von zusätzlichem L-Carnitin steigert die Energieproduktion im Herzen (mehr ATP) und damit auch die Kraftentwicklung. Dadurch erhöht sich das Schlagvolumen und die Herzfrequenz kann sinken. Zusammengefasst bedeutet dies, dass Carnitin dem Herzen hilft mit weniger Herzschlägen die gleiche Menge Blut in den Kreislauf zu pumpen. Das Herz wird entlastet. Dieses Wissen kann für Sportler, Herzkranke und Vegetarier von Interesse sein. Für Vegetarier insofern, als dass sie wegen ihrer oft unzureichenden Carnitinzufuhr zu einer tendenziell höheren Herzfrequenz neigen, als gesunde Nicht-Vegetarier. Am meisten profitieren jedoch Herzkranke von L-Carnitin. Stoffwechselprodukte wie Acetat, freie Fettsäuren und langkettige CoA-Ester häufen sich bei Sauerstoffmangel an und führen zu Herzrhtythmusstörungen. Auch hier greift L-Carnitin ein. Es kann Acetat und langkettige Fettsäuren abtransportieren und die Zellen „entgiften". Auf diese Weise wirkt L-Carnitin der Entstehung von Herzrhythmusstörungen entgegen. Obendrein haben Beobachtungen von Patienten mit vorgeschädigten Herzkranzgefäßen noch folgende Ergebnisse gezeigt: Unter Belastung leiden diese Patienten unter einem beklemmenden Gefühl und Atemnot. Diese Beschwerden können unter Carnitingaben gesenkt und der Medikamentenverbrauch eingeschränkt werden. L-Carnitin kann zur Vorbeugung von Herzkrankheiten beitragen. Es senkt die Blutfett- und Cholesterinwerte, die als Vorboten für krankhafte Gefäßveränderungen gelten. Zum Thema L-Carnitin und Herzerkrankungen ist jetzt ein neues Standardwerk von Dr. Löster erschienen, welches auf 350 Seiten fast 1.000 Studien zusammenfasst („Carnitine and Cardiovascular Diseases" Löster, Ponte Press Verlag Bochum 2003).

Immunsystem

Das Immunsystem ist für den menschlichen Körper von unschätzbarem Wert. Es wehrt Viren und Bakterien, die im Körper Infektionen auszulösen, ab. Das Immunsystem schützt uns so vor ernsthaften Erkrankungen. Um seine Funktionen reibungslos wahrnehmen zu können, ist es auf eine ausreichende Zufuhr von Vitaminen, Mineralstoffen und auch L-Carnitin angewiesen. Die Zellen des Immunsystems enthalten sehr viel L-Carnitin, ca. 20 mal soviel wie das sie umgebende Blut. Wenn die Immunzellen aktiv werden müssen benötigen sie mehr Energie und ihr Bedarf an L-Carnitin steigt. Im Krankheitsfall nehmen daher die Immunzellen das 2 bis 100fache an L-Carnitin auf. Dies kann zum Beispiel bei Sepsis, Verbrennungen oder parenteraler Ernährung zu einem dramatischem Abfall der L-Carnitinspiegel und letztendlich auch zu einer Einschränkung des Immunsystems führen. L-Carnitin ist also ein Bestandteil des körpereigenen Immunsystems und hilft, das Immunsystem zu ernähren, besonders im Krankheitsfall. Eine zusätzliche Verabreichung von L-Carnitin bei Gesunden wirkt zwar nicht direkt stimulierend auf den Zustand des Immunsystems, aber im Angriffsfall ist die Antwort des Immunsystems schneller und stärker. Wir sind dadurch besser vor dem Ausbruch von Krankheiten geschützt.

Selbst bei schweren akuten Infektionskrankheiten wie Fieber, bakteriellen Infektionen, Sepsis, Lepra, Tuberkulose, Grippe, HIV/AIDS macht sich der immunstabilisierende Effekt des L-Carnitins positiv bemerkbar. Bei HIV/AIDS ist allerdings der Einsatz von verhältnismäßig großen Mengen notwendig, denn bei AIDS-Kranken ist der Darm oft durch Infektionen so stark geschädigt, dass nur ein geringer Anteil des zugeführten L-Carnitins aufgenommen werden kann. Hinzu kommt ein abnormal erhöhter Verlust von L-Carnitin über die Nieren. AIDS erfordert in den meisten Fällen die Einnahme eines bestimmten Medikaments, des Zidovudins. Dieses kann zu einer Muskelschädigung und einer verminderten Mitochondrienfunktion führen. Neben seiner immunstimulierenden Funktion bietet L-Carnitin einen Schutz für Mitochondrien vor den aggressiven HIV-Medikamenten.

Chronisches Müdigkeitssyndrom

Vom Chronischen Müdigkeitssyndrom sind schätzungsweise 300.000 bis 1,5 Millionen Menschen betroffen. Die Anzahl der Betroffenen lässt sich nur schwer schätzen, weil dieses Krankheitsbild von einer Vielzahl unspezifischer Symptome wie Müdigkeit, Leistungsschwäche, Interessenlosigkeit bis hin zu Depressionen geprägt werden kann. Bei Menschen, die unter dieser Krankheit leiden, kommt es in vielen Fällen zu einem Abfallen des L-Carnitinspiegels im Blut. Die Patienten mit der höchsten Müdigkeit weisen oft die niedrigsten L-Carnitinspiegel auf und umgekehrt. Dem Immunsystem „geht die Luft aus". In den Abwehrzellen der Betroffenen findet sich nur noch 1/10 des normalen L-Carnitingehalts. Im Rahmen von Untersuchungen konnte die positive Wirkung zusätzlicher L-

Carnitineinnahmen über einen langen Zeitraum nachgewiesen werden. Die Verbesserungen übertreffen sogar die Effekte des Medikaments Amantadin, was üblicherweise zur Behandlung des Chronischen Müdigkeitssyndroms eingesetzt wird.

Fruchtbarkeitsstörungen

Kinderwünsche bleiben immer häufiger offen. Bei jedem dritten Paar mit Kinderwunsch ist die nachlassende Qualität des männlichen Spermas die Ursache für Kinderlosigkeit. Es befindet sich in vielen Fällen zu wenig Sperma in der Samenflüssigkeit und die Beweglichkeit des Spermas ist oft eingeschränkt. In Studien mit unfruchtbaren Männern hat man festgestellt, dass Carnitin auch in solchen Fällen seine hilfreichen Fähigkeiten hervorzaubert. L-Carnitin befindet sich unter normalen Bedingungen in besonders hohen Konzentrationen in den Nebenhoden. Die Konzentration ist hier 2.000mal höher als im Blut. Spermien sind die L-Carnitinreichsten Zellen überhaupt. In ihrer Reifungsphase nehmen Spermien große Mengen an L-Carnitin aus der Nebenhodenflüssigkeit auf. Sie speichern das L-Carnitin in Form von Acetyl-L-Carnitin. Der Acetylrest ist die einzige Energiequelle der Spermien nach ihrer Reifung. Je mehr sie davon gespeichert haben, umso länger leben sie und umso schneller und ausdauernder, d.h. umso fruchtbarer sind sie. Die Spermienbeweglichkeit steigt mit der aufgenommenen Menge an L-Carnitin. Nehmen die Spermien dagegen zuwenig L-Carnitin auf, sind sie unbeweglich und der Mann kann dadurch unfruchtbar sein. Durch die Gabe von 3g L-Carnitin über 6-12 Monate kann die Beweglichkeit der Spermien aber auch die Anzahl der Spermien erhöht und die Fruchtbarkeit des Mannes gesteigert werden. Dennoch gibt es zurzeit noch keine ärztliche Empfehlung für eine Zufuhr von L-Carnitin bei unfruchtbaren Paaren, aus Mangel an Wissen bei den Ärzten. Eine ergänzende Einnahme von Carnitin kann die Fruchtbarkeit unterstützen aber nicht eine eventuell notwendige klassische Therapie ersetzten.

L-Carnitin und das Gehirn

L-Carnitin bei Alzheimer und Demenz

L-Carnitin spielt eine wichtige Rolle für die Funktionsfähigkeit von Zellmembranen und ist deshalb auch für die Zellen des Gehirns und des zentralen Nervensystems wichtig. Besonders im höheren Lebensalter treten verschiedene alterstypische Erkrankungen in diesem Bereich auf. Zu diesen zählen auch geistige Störungen, wie die Alzheimer'sche Erkrankung, die eine Form des geistigen Abbaus darstellt und von allen Demenzen am häufigsten vorkommt. In Deutschland sind insgesamt ca. 800.000 bis 1 Mio. Menschen von einer Demenz betroffen. Dabei trifft es Frauen häufiger als Männer. In der Altersgruppe der über 65-Jährigen zeigen 15 Prozent einen geistigen Verfall, bei den über 85-Jährigen weist bereits jeder dritte eine Demenz auf.

Studien haben gezeigt, dass zusätzliche L-Carnitingaben Alterungsprozesse im Gehirn verlangsamen und die geistige Leistungsfähigkeit steigern können. So konnte L-Carnitin die Belastung durch Radikale und den oxidativen Stress im Gehirn verringern. Dadurch verringerte sich die Bildung von Markern des Alterungsprozesses wie Lipofuscin im Gehirn. Lipofuscin ist ein Farbstoff der auch für die Bildung der Altersflecken in der Haut älterer Menschen verantwortlich ist. L-Carnitin kann also einem geistigen Abbau etwas entgegen wirken. Auch bei bereits eingetrübter Denkfähigkeit kann L-Carnitin den weiteren Abbau verlangsamen. Alzheimer durchläuft mehrere Stadien. So ist zunächst nur das Kurzzeitgedächtnis gestört und damit vor allem die Merkfähigkeit begrenzt. Bei Fortschreiten der Krankheit können Orientierungs- und Denkstörungen auftreten. In der Endphase zeigen sich Veränderungen in der Persönlichkeit und gestörtes soziales Verhalten. L-Carnitingaben in großen Mengen über einen langen Zeitraum führten bei Alzheimer-Patienten nachweislich zu einem verbesserten Langzeit- und Kurzzeitgedächtnis, erhöhter Aufmerksamkeit, verbesserter Sprachfähigkeit, Fortschritten im abstrakten Denken und zu einer leichteren Bewältigung täglicher Aktivitäten.

L-Carnitin und Anti-Aging

L-Carnitin wirkt einigen Mechanismen, die den Alterungsprozess beschleunigen, entgegen. Dazu gehören zum Beispiel die Radikalbildung, der Abbau und der Schädigung von Membranen durch Radikale, oxidativer Stress und auch das Stresshormon Cortisol. Erhöhte Belastung durch Radikale lassen uns schneller altern. Radikale schädigen unsere Zellmembranen und unsere Erbsubstanz. Es konnte gezeigt werden, dass L-Carnitingaben Zellstrukturen vor Radikalen schützen kann und zu einem Anstieg der körpereigenen Schutzsubstanzen gegen Radikale, wie zum Beispiel Gluthathion führt. Auch Stress und ein erhöhter Spiegel des Stresshormons Cortisol lässt uns schneller altern. L-Carnitingaben konnten die erhöhten Cortisolspiegel bei Leistungssportlern und bei Alzheimerpatienten senken und so den durch Cortisol verursachten metabolischen Stress reduzieren.

L-Carnitin in der klinischen Ernährung

Als kritisch für die L-Carnitinversorgung erweist sich auch die künstliche Ernährung, insbesondere die so genannte parenterale Ernährung. Diese Form der Ernährung wird vor allem bei Operierten und Frühgeborenen im Krankenhaus eingesetzt. Eine nährstoffhaltige Flüssigkeit wird mittels eines Schlauches über das Venensystem direkt ins Blut geleitet. Der Verdauungstrakt als Ort der Nährstoffaufnahme wird umgangen. Die Nährstoffe werden der Flüssigkeit auf Grundlage von speziellen Kriterien zugesetzt, um eine optimale Verträglichkeit zu gewährleisten. Carnitin gehört nicht zu den zugesetzten Wirkstoffen. Dies ist problematisch, weil L-Carnitin das Immunsystem stärken kann. Bei parenteral ernährten Kranken sinkt der L-Carnitinspiegel oft merklich ab. Dies schwächt das ohnehin schon strapazierte Immunsystem. Frühgeborene leiden unter einem L-Carnitindefizit, weil bei ihnen die Fähigkeit zur Eigensynthese an L-Carnitin noch nicht entwickelt ist und über die

Nährstoffflüssigkeit kein L-Carnitin zugeführt wird. L-Carnitin ist für Reifung und Wachstum der Lunge wertvoll.

Zusammenfassung

L-Carnitin ist ein Wirkstoff, der wichtige Funktionen im Stoffwechsel des menschlichen Körpers übernimmt. Dazu zählt unter anderem der Transport der Fettsäuren zu ihrem Verbrennungsort, den Mitochondrien. L-Carnitin ist in der Nahrung vor allem in tierischen Lebensmitteln enthalten. Darüber hinaus kann der Körper es aus den Aminosäuren Lysin und Methionin auch selber herstellen, es ist jedoch nicht genau bekannt, in welcher Menge dies möglich ist. Trotz dieser Fähigkeit gibt es verschiedene Risikogruppen für eine Unterversorgung mit L-Carnitin, die von einer Nahrungsergänzung mit L-Carnitin profitieren. Dies ist unter anderem bei Vegetariern, Sportler, Schwangeren, Stillenden sowie Menschen mit Nieren-, Leber oder Herzerkrankungen der Fall. Auch für das Immunsystem und die Fruchtbarkeit ist L-Carnitin von großer Bedeutung. Bei einer Nahrungsergänzung mit L-Carnitin oder der Einnahme von L-Carnitin-haltigen Arzneimitteln ist es sinnvoll, auf das Herstellungsverfahren zu achten.

Literaturquellen

Leibovitz B., Mueller J., Carnitine. Journal of Optimal Nutrition 2(2):90-109, 1993

Niestroj I, Orthomolekulare Medizin,

Gröber U, Orthomolekulare Medizin, Wissenschaftliche Verlagsgesellschaft mbH, 2002 : 98-104

Biesalski et alii, Ernährungsmedizin, Thieme Verlag, 1999

Löster H, Gürtler A-K., Carnitin, Ponte Press Verlags GmbH, 1996

Lübeck W, L-Carnitin, Windpferd Verlagsgesellschaft, 2002

Arndt K.,Albers T., Handbuch Protein und Aminosäuren, Novagenics Verlag, 2001

Elmadfa I., Leitzmann C., Ernährung des Menschen, Verlag Ulmer, 1998

Kasper H., Ernährungsmedizin und Diätetik, Verlag Urban & fischer, 2002: 21-22

Biesalski et alii, Taschenatlas der Ernährung, Thieme verlag, 2002: 94

Rehner G., Daniel H., Biochemie der Ernährung, Spektrum Akademische Verlags GmbH, 1999: 460

Herz:

Löster H., Carnitine and cardiovascular diseases, Ponte Press Verlag Bochum 2003.

Löster H., Effects of L-Carnitin on the Heart, in: Annals of nutrition & Metabolism, 2000; 44:82-84

Singh R.b.,niaz M.A., Agarwal P., Beegum R., Rastogi S.S., sachan D.S., A randomised, double-blind, placebo-controlled trial of L-carnitine in suspectd acute myocardial infarction, Postgrad Med J, 1996;72: 45-50

Erholung der Muskulatur/ Sport:

Maggini S., Bänziger K.R., Walter P., L-Carnitine Supplementation Results in Improved recovery after Strenuous Exercise, in: Annals of nutrition & Metabolism,2000; 44:86-88

Kraemer, W.J., volek J.S., L-Carnitine Supplementation for the Ahlete, in: Annals of nutrition & Metabolism,2000; 44:88-89

Kraemer W.j., Volek J.S., L-Carnitin-Supplementation beim Sport, Sonderdruck aus: Schweizerische Zeitschrift für Ganzheitsmedizin, 2001, 13 (5): 256-258

Schwangerschaft

Lohninger A., The Role of L-Carnitine in Pregnancy and Disorders of Lipid Metabolism, in: Annals of nutrition & Metabolism,2000; 44:89-91

Böhles H., Inborn Errors of L-Carnitin Metabolism, in: Annals of nutrition & Metabolism,2000; 44:91-92

Gewichtsregulation:

Schaffhauser A.O., Gaynor P.T., L-Carnitine Supplementation – A Natural Apprach for Weight Management, in: Annals of nutrition & Metabolism,2000; 44: 94-95

AIDS:

De Simone C.et alii, L-carnitine deficiency in AIDS patients, AIDS 1992, 6: 203-205

Alzheimer:

Bruno G. et alii, Acetyl-Carnitine in Alzheimer Disease. A Short-Term Study on CSF neurotransmitters and neuropeptides, Alzheimer Disease and associated Disorders Vol.9 No.3.:128-131

CFS (Chronischs Müdigkeitssyndrom)

Pliopys A.V.; Amantadine and L-Carnitine Treatment of Chronic Fatigue Syndrome, Neuropsychobiology 1997; 35: 16-23

Autor: Sven-David Müller, M.Sc, Master of Science in Applied Nutritional Medicine (Angewandte Ernährungsmedizin), staatlich anerkannter Diätassistent und Diabetesberater der Deutschen Diabetes Gesellschaft (DDG), Haddamshäuser Weg 4a, 35096 Weimar an der Lahn, 1. Vorsitzender des Deutschen Kompetenzzentrum Gesundheitsförderung und Diätetik e.V., www.svendavidmueller.de, diaetmueller@web.de, www.dkgd.de

Literatur: Beim Verfasser, Praxis der Diätetik und Ernährungsberatung, Haug Verlag, E. Lückerath und S.-D. Müller; Kalorien-Nährwert-Lexikon, Schlütersche Verlagsgesellschaft mbH, K. Raschke und S.-D. Müller